破解昆虫世界的秘密

萤火虫和螳螂

周　伟◎主编

吉林科学技术出版社

目录

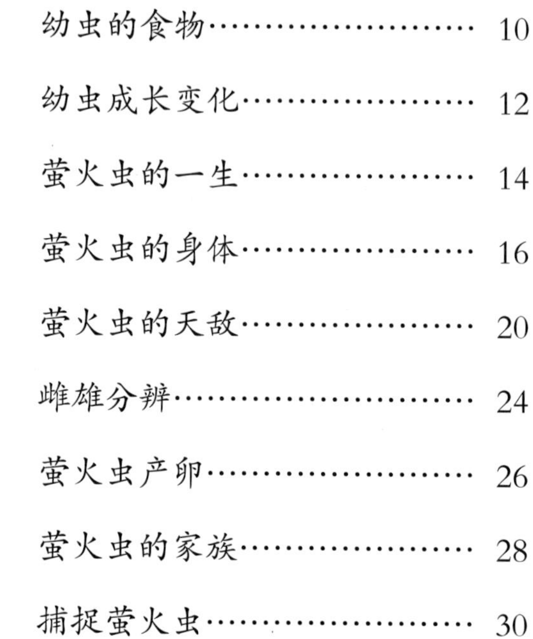

螳螂

萤火虫

大家一定都见过萤火虫吧？夏天的夜晚，我们经常会看到很多像星星一样亮闪闪的昆虫，那就是它们了。

在大家眼中萤火虫应该算是熟悉的朋友了，可是大多数人对萤火虫的认知只有会发光，关于它真实的生活我们知道多少呢？

它的家在哪里？它喜欢的食物是什么？它是怎么养育孩子的？让我们一起走进萤火虫的世界吧！

萤之语

我出生已经有 3 个星期了，一直躺在一个白色的温暖的摇篮里。我感觉身体每天都在长大，这个摇篮已经容不下我，我需要寻找一个新的住所了。我用上颚把卵咬破，然后破卵而出。

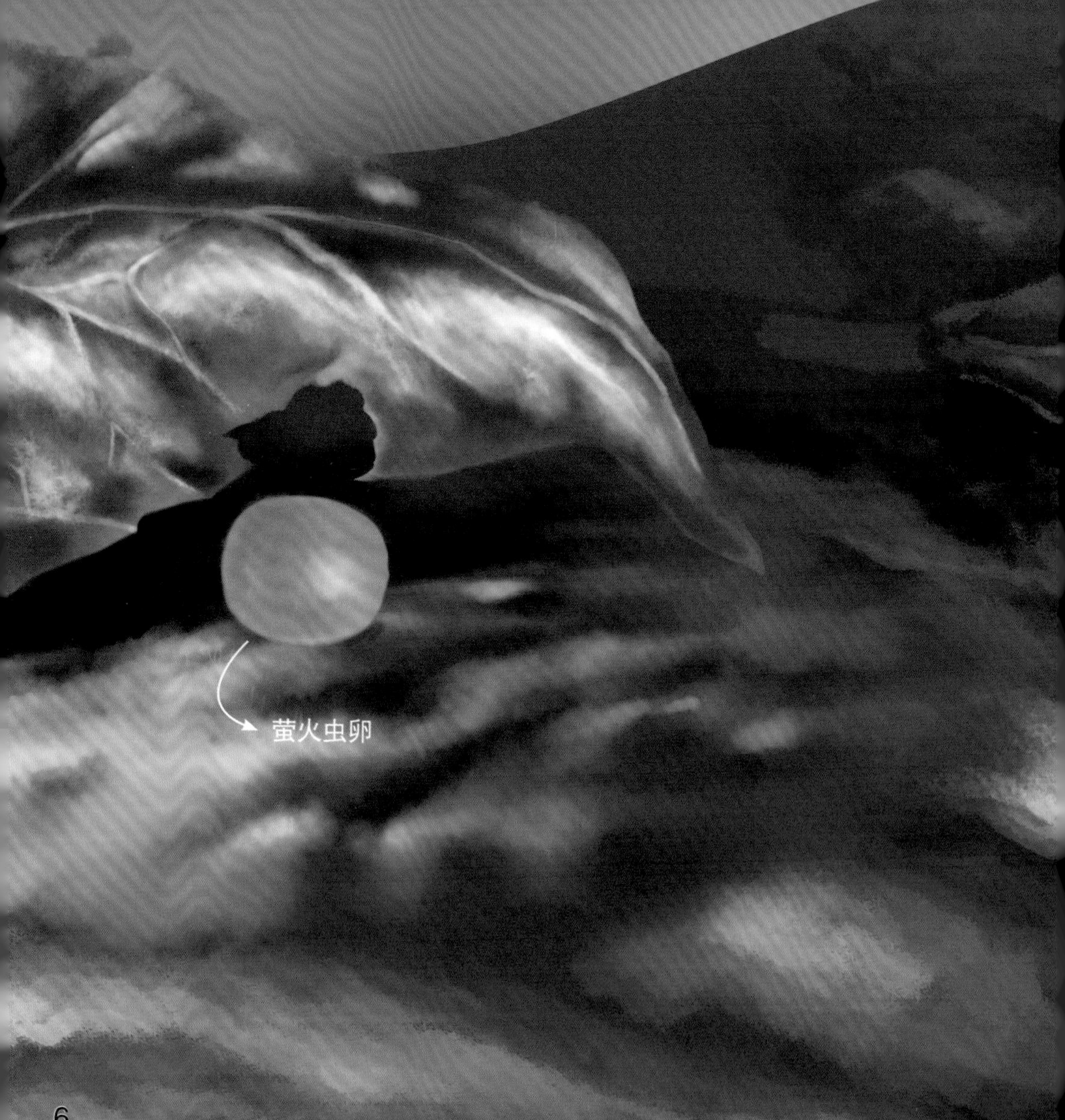

我感到很口渴，身体也干干的需要水的滋润。看到附近有一个小池塘，我马上就钻了进去。好舒服啊！在水的滋润下，我重新变得充满活力了。

在一块大石头的底部我找到了一个好地方，泥沙很松软，水源充足。

我不喜欢阳光，白天我都会待在家里睡大觉，晚上才出去找吃的。

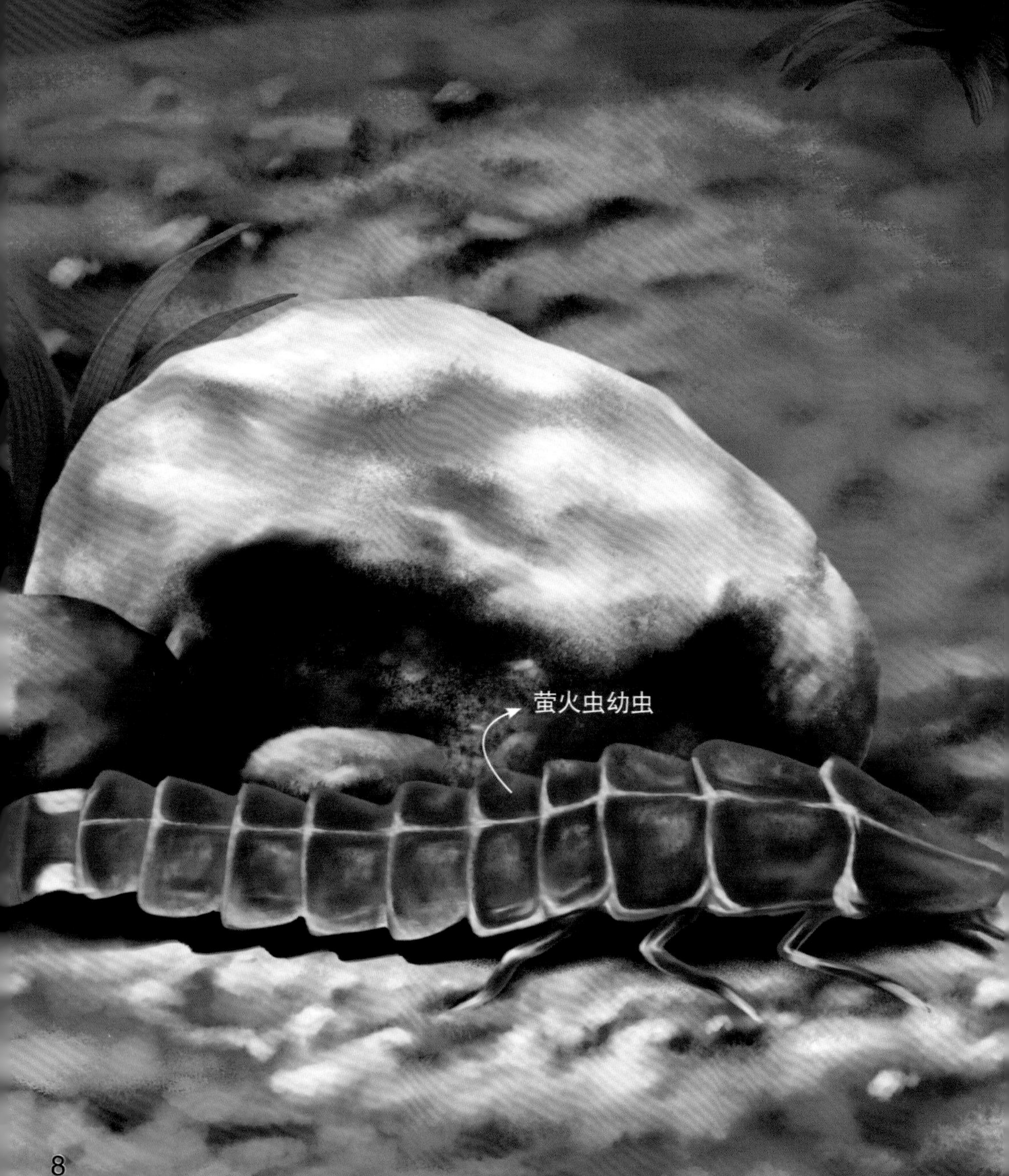

萤火虫幼虫

幼虫的食物

天黑了，我外出觅食。哈哈！发现一只小蜗牛。我马上把头上的两片颚弯曲，再合拢到一起形成一把钩子，钩子上有一条像头发丝一样细的沟槽。

利用这件兵器，我在蜗牛的身上轻轻地敲打，这个小家伙可真自大，它居然一点不在意。我趁机把毒液注射到它体内，使它在毫无警觉的情况下被麻痹，直至失去知觉。我继续敲打，又向它注射了另一种毒液，它能将蜗牛的肉分解，变成流质，那样我吃起来就毫不费力了。

现在，它已经完全成为我的猎物了，我找了一块干净的地方，开心地享用新鲜美味的肉粥。

蜗牛
萤火虫幼虫

幼虫成长变化

由于外皮不会随着身体长大而变大，隔一段时间我就要蜕皮。我的身体也会有新的面貌，在这将近 10 个月的时间里我蜕了 6 次皮，看着一次次变换的新衣服我心里一阵阵激动。

萤火虫的一生

随着慢慢长大，我要化蛹了。我在泥土里挖了一个小洞，躺了进去。没多久，我身上的那套黑色外衣变成了漂亮的乳白色，我也暂时动弹不得了。

我成长的最后一个阶段称为“羽化”。

一星期快过去了，蛹体顶端出现了一条缝隙，我要慢慢地从缝隙里钻出来。

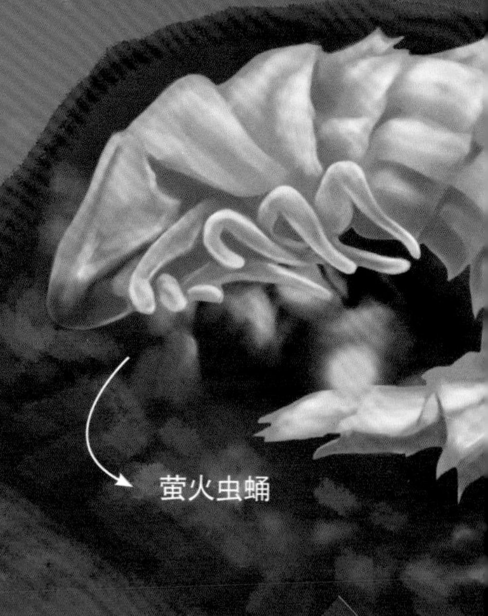

爬出来后，我惊喜地发现自己长翅膀了，虽然它现在软软的，短短的。过了两三天，翅膀和身体都在渐渐变硬，翅膀也由白色变成了黑色。我终于成年了！

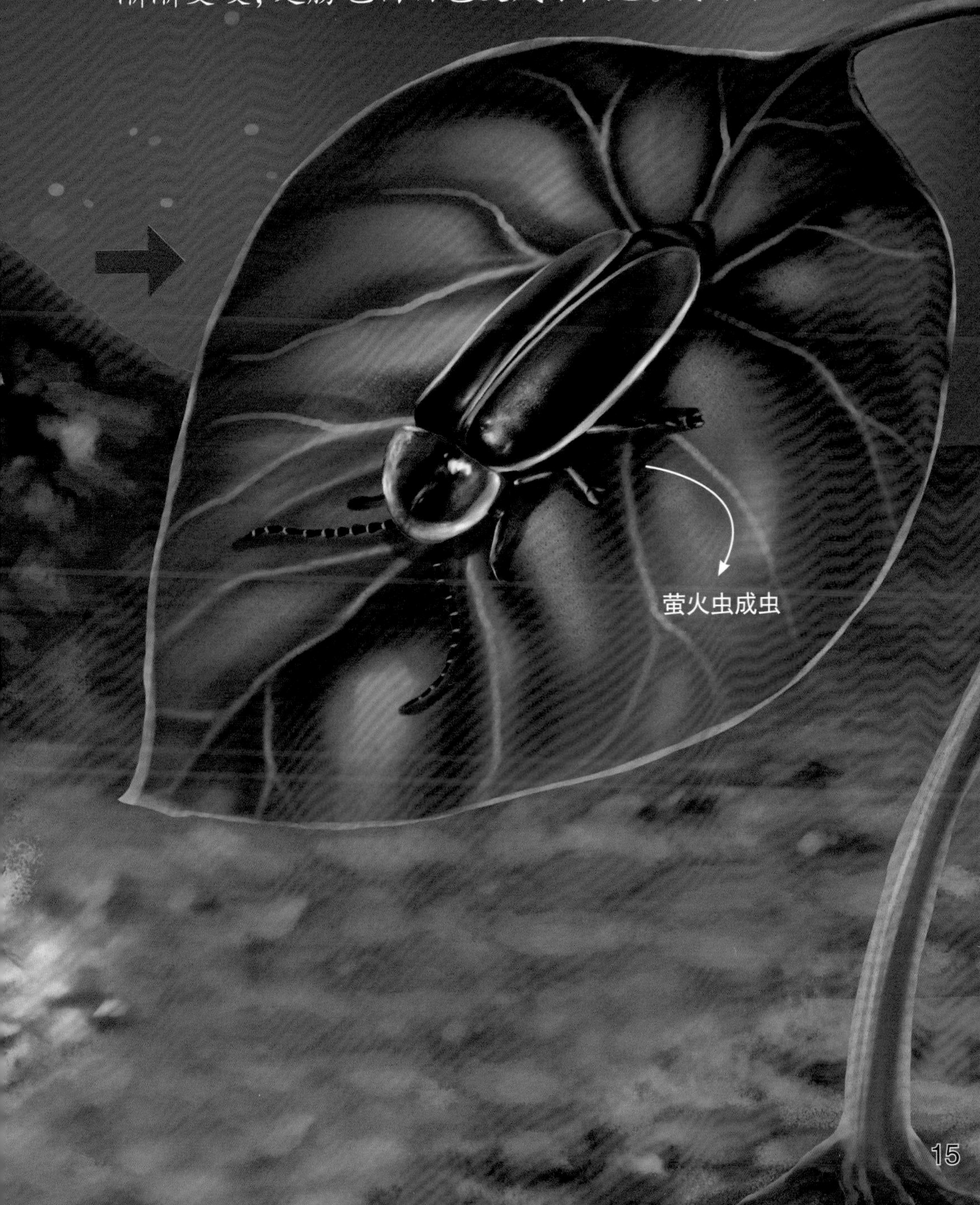

萤火虫的身体

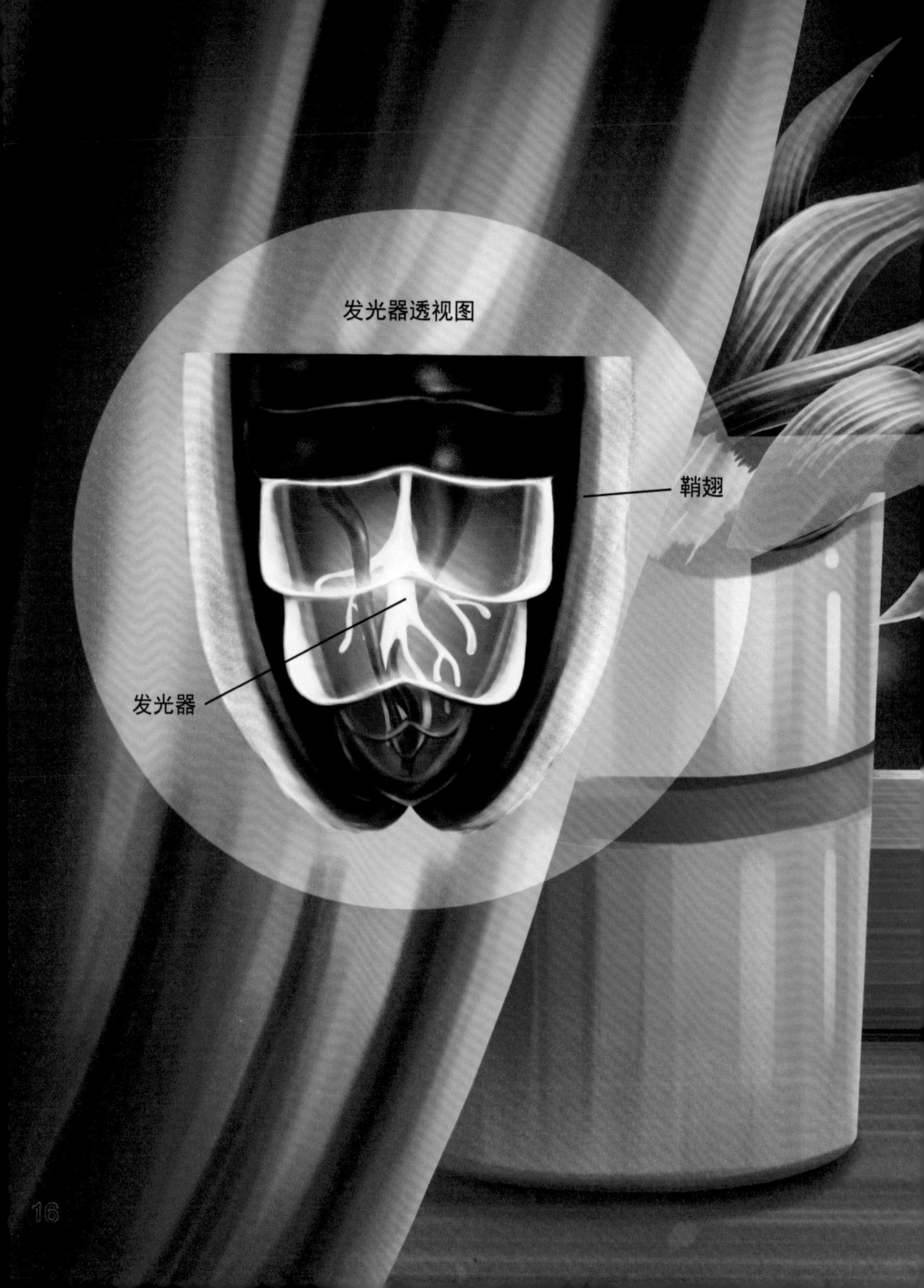

发光器透视图

鞘翅

发光器

萤火虫腹面

萤火虫侧面透视图

夏夜露水很多，我贪婪地吮吸着。突然我看到前方有一闪一闪的亮光。哦，原来有同伴在提醒我有危险！

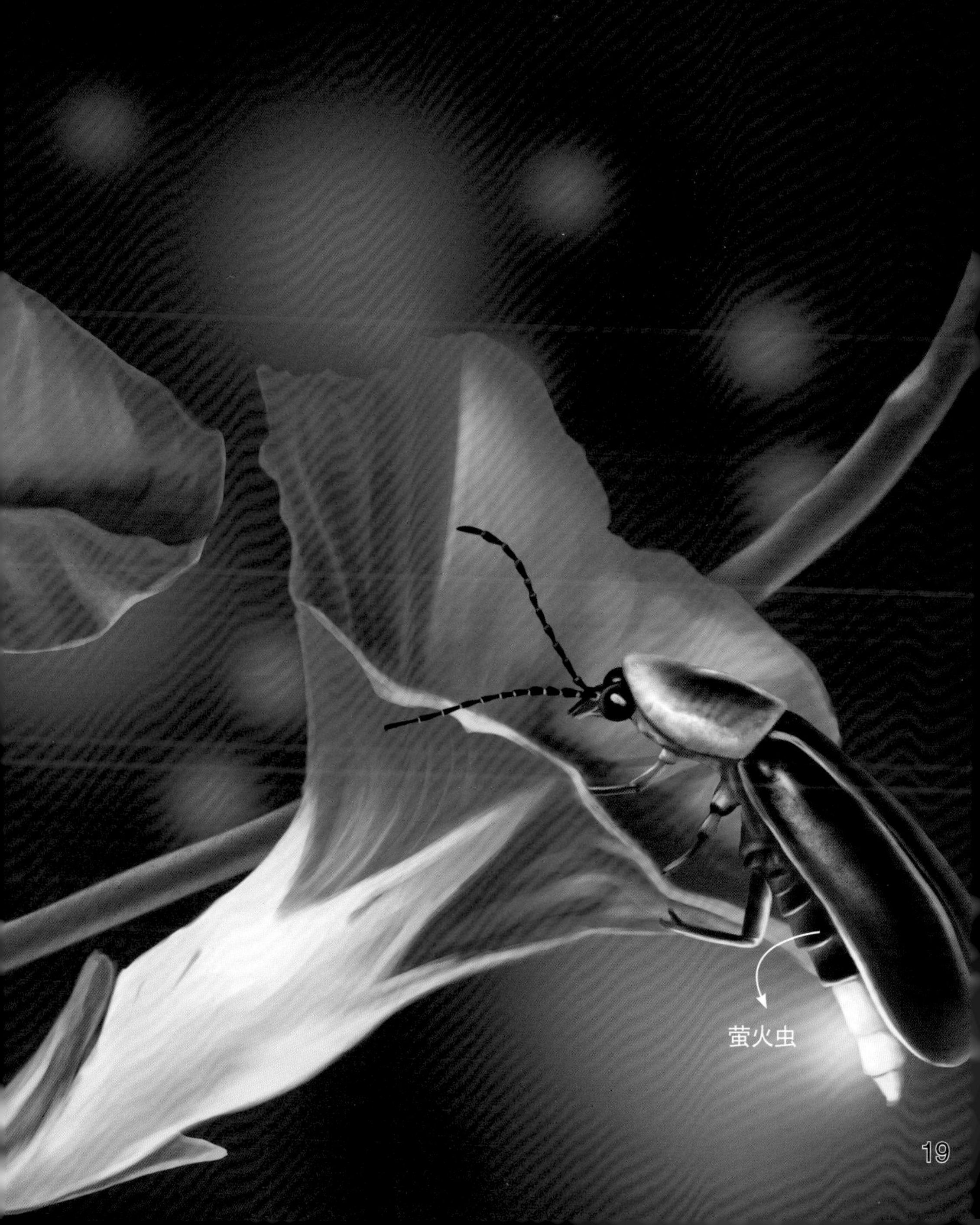

萤火虫的天敌

我歪过头一看，原来是一张大蜘蛛网。我吓了一大跳，赶紧离开了这个是非之地。

“以后你要小心点儿。蜘蛛可是我们的头号敌人，它们可不是好惹的。”救我的那位同伴说。

我当然知道蜘蛛的厉害。它有一张威力很大的网，一不小心撞上去就会成为它的猎物。

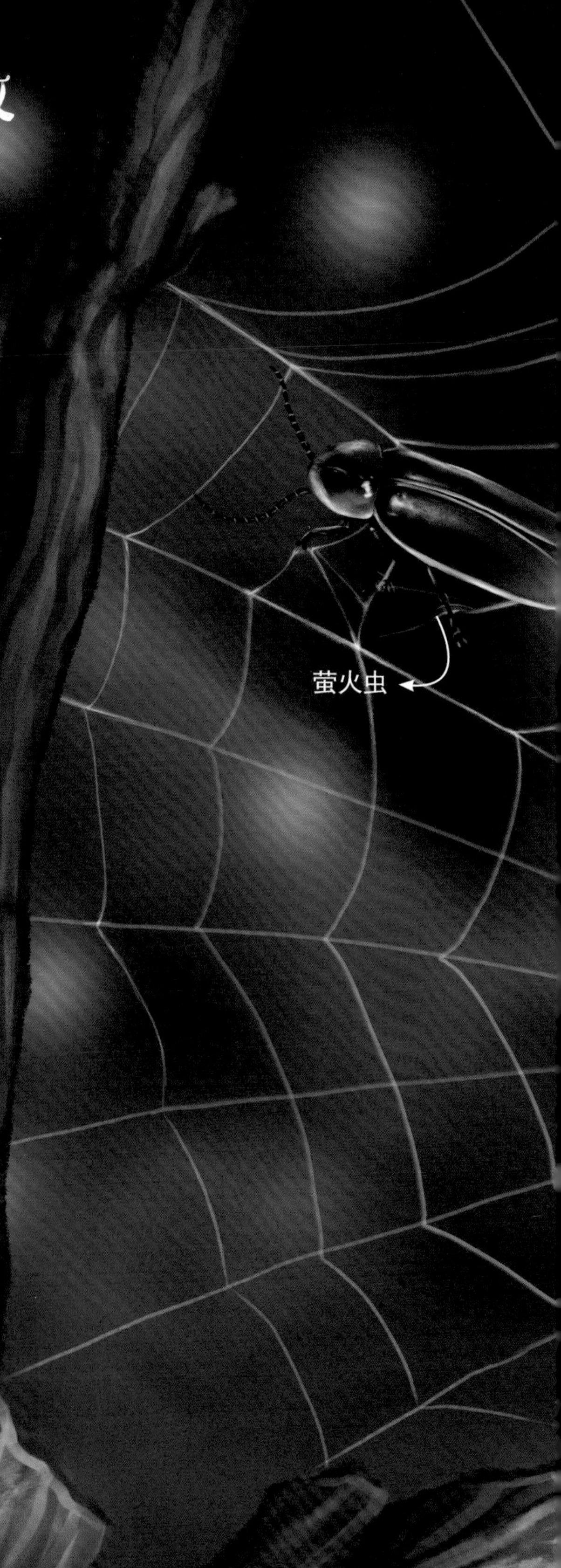

蜘蛛

我仔细看了看同伴，它的两只眼睛长在头顶上并且比我的大一点儿，身形却比我小，尾巴上有两节发光器，黄绿色的灯很是明亮耀眼。它有 3 对又细又短的脚，背上有一对硬壳一样的前翅和一对纱一般的后翅，是个帅气的男孩子！

“刚才多亏了你，要不是你，我现在就成了蜘蛛的盘中餐了。”

萤火虫（雄）

“不客气。你是刚成年，出来觅食的吧！”

“嗯……”

“我前天就看见一只黄缘萤撞到蜘蛛网上了，还好我警惕性高，逃过了一劫。对了，你找到住的地方了吗？如果没有就来我这儿吧！这儿草木茂盛，温暖湿润，很舒服的。”

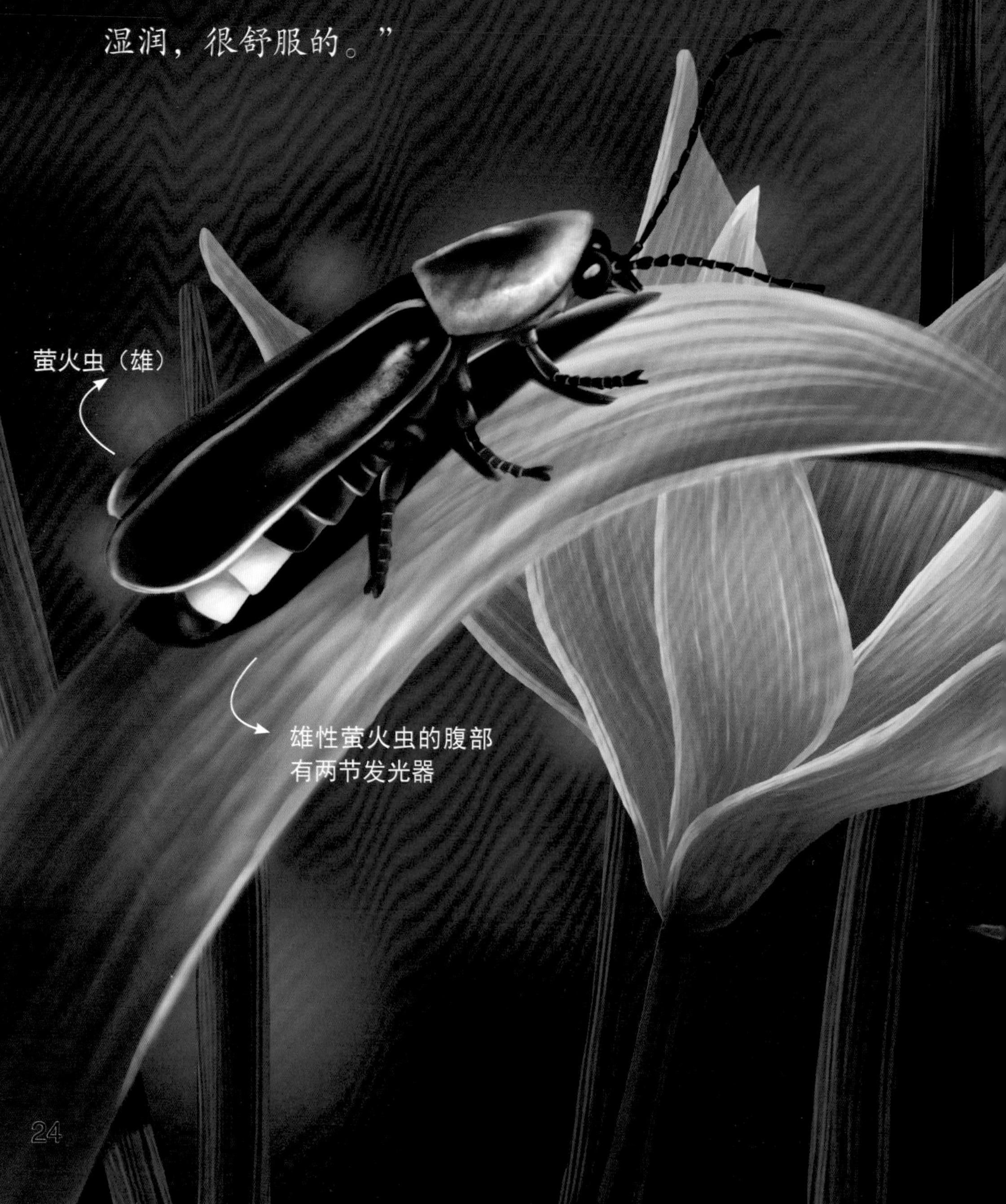

雌雄分辨

“目前还没有，我可以在这儿安家吗？”

“当然可以，欢迎你！”

于是，我在男孩这住了下来。我们一起度过了两天短暂且愉快的时光。

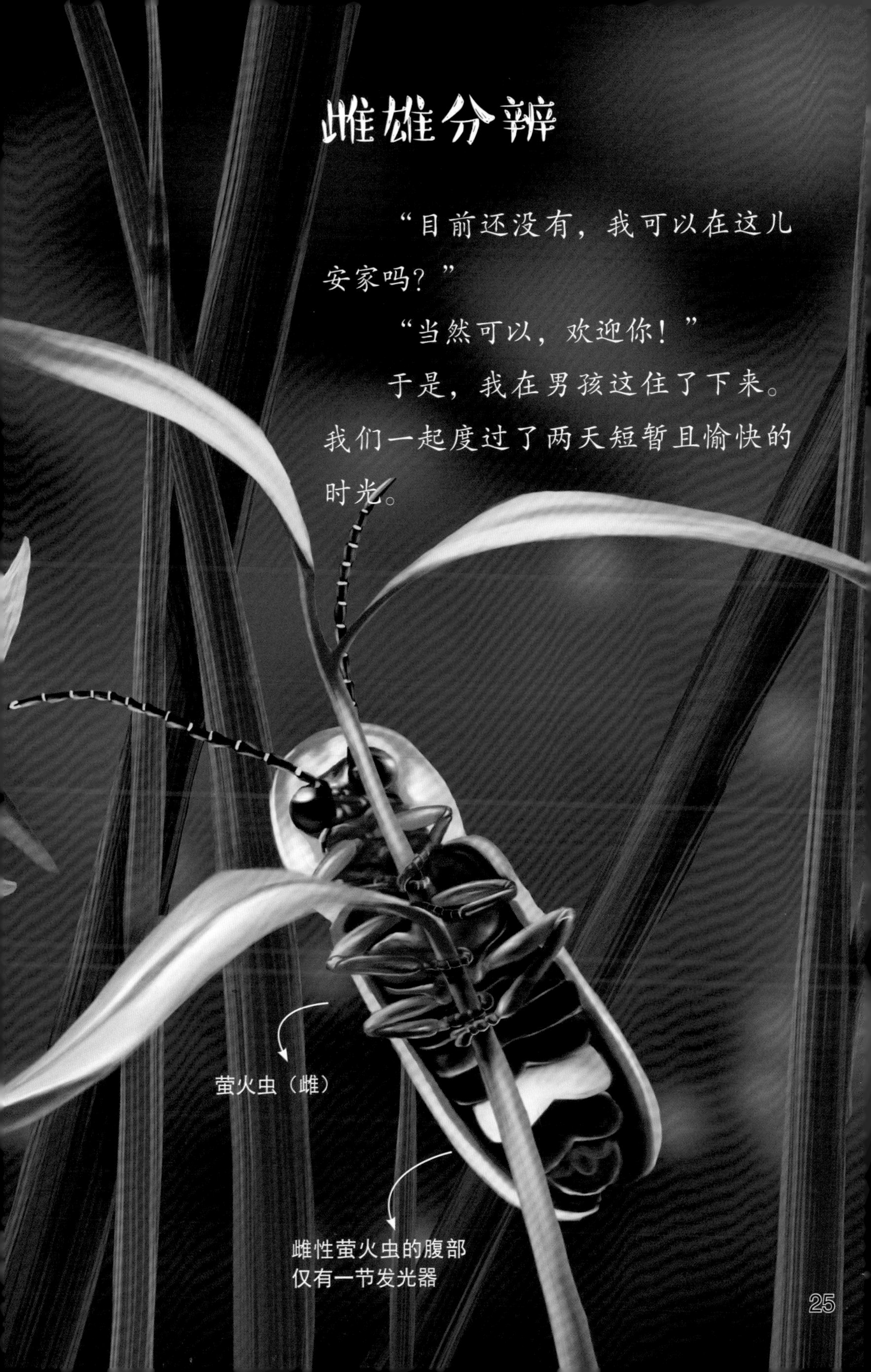

萤火虫产卵

两天后男孩死去了，我还有个重要的任务，就是找几处靠近水源的隐蔽的地方把卵宝宝产下来。我在水边找了好几个不同的地方产下卵宝宝，希望它们能够健康地成长。而我的一生也要结束了……

萤火虫交配

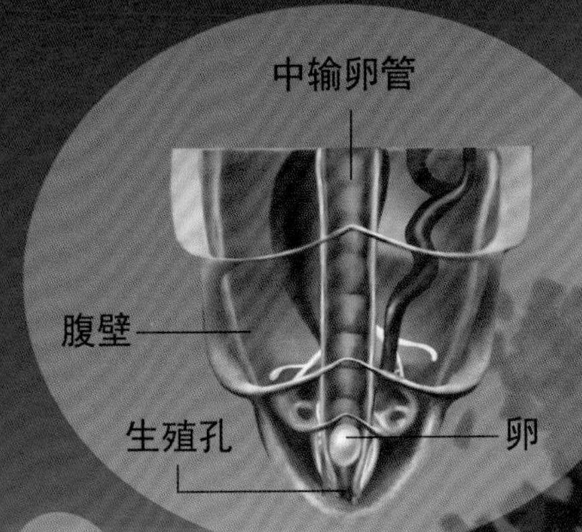

产卵器透视图

水生萤火虫黄缘萤

萤火虫的家族

世界上已知的萤火虫有2000多种，分布于热带、亚热带和温带地区。

我们国家约有54种，各地皆有分布，尤以南部和东南沿海各省居多。萤火虫根据栖息地主要分为水生、陆生、半水生三类，常见的水生有黄缘萤，陆生有山窗萤。

陆生萤火虫山窗萤

捕捉萤火虫

捉捕萤火虫有两个好方法。

★ **瓶捕法**

对停息在草丛中的萤火虫，可拿着瓶口较大的玻璃瓶，悄悄靠近萤火虫后，将瓶口对准它，用手将其轻轻抹入瓶中。

★ **网兜法**

网兜法是用纱布网兜对夜间在低空飞翔的萤火虫进行兜捕。萤火虫飞行高度低，速度较慢，又有暴露飞行位置的亮光，很容易被发现。一旦发现，立即用网兜扫去，十有八九都能捕到。

饲养萤火虫

小朋友们想养萤火虫也不难，只要把捕捉到的萤火虫放在透气的透明瓶子里，然后再用树叶把四周笼罩起来，每天向瓶子里喷些水就可以了。晚上还能看见萤火虫发光呢。

囊萤夜读

晋朝有个叫车胤的人，他从小喜爱读书，白天看书，晚上还点着油灯继续学习。可是他家中贫寒，有时连买灯油的钱都没有。

绢袋中的萤火虫

一个夏夜，许多萤火虫在低空中飞舞，一闪一闪的，光芒在黑暗中显得很耀眼。他想，如果把一些萤火虫集中到一起不就相当于一盏灯了吗？于是，他拿来一只白绢口袋，捉了几只萤火虫放在里面，再用丝线扎紧，吊在书桌前。这些光居然比油灯的光还要明亮，从此他借着萤火虫的光埋头苦读，最终学业有成，当上了大官。

螳螂

蝗螂曾被古希腊人视为先知。同时螳螂又因为举起前肢的样子像祈祷的少女，所以人们又将它称为“祈祷虫”。

螳螂标志性的特征是拥有两把“大刀”。它的前肢上有一排非常坚硬的锯齿，末端各有一个小钩子，这可是它对付猎物的武器。有了这两把“大刀”，螳螂在昆虫界的地位就可想而知了。

还想知道螳螂的更多知识吗？那么我们一起去看看吧！

螳螂的卵鞘

和别的昆虫有所不同，我们螳螂出生后并不是待在干燥的树木里，而是生活在一个由妈妈准备好的坚固安全的“育婴房”中。此时，我们的生活还很平静。所有的兄弟姐妹都住在一起，静静地成长，等待破壳而出。然而在我们的世界里没有人类那些所谓的兄弟姐妹之情，有的只是弱肉强食、适者生存的自然法则。

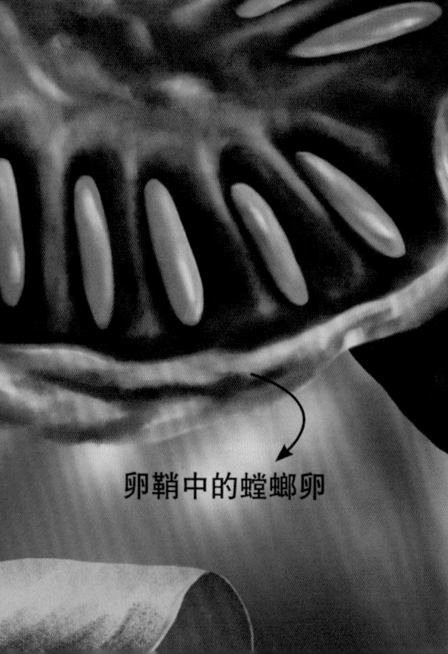

卵鞘中的螳螂卵

螳螂卵鞘

我生命中面临的第一次杀戮就是同胞之间的。弱小的弟弟妹妹们在钻出“育婴房”的一瞬间就被强大的哥哥姐姐们吃掉了，我没有被注意到，侥幸逃脱。同类相残，这也是我们只能独自生活的原因。在这个弱肉强食的世界里，我只有不断强大才能吃饱喝足，才能保住自己的小命。

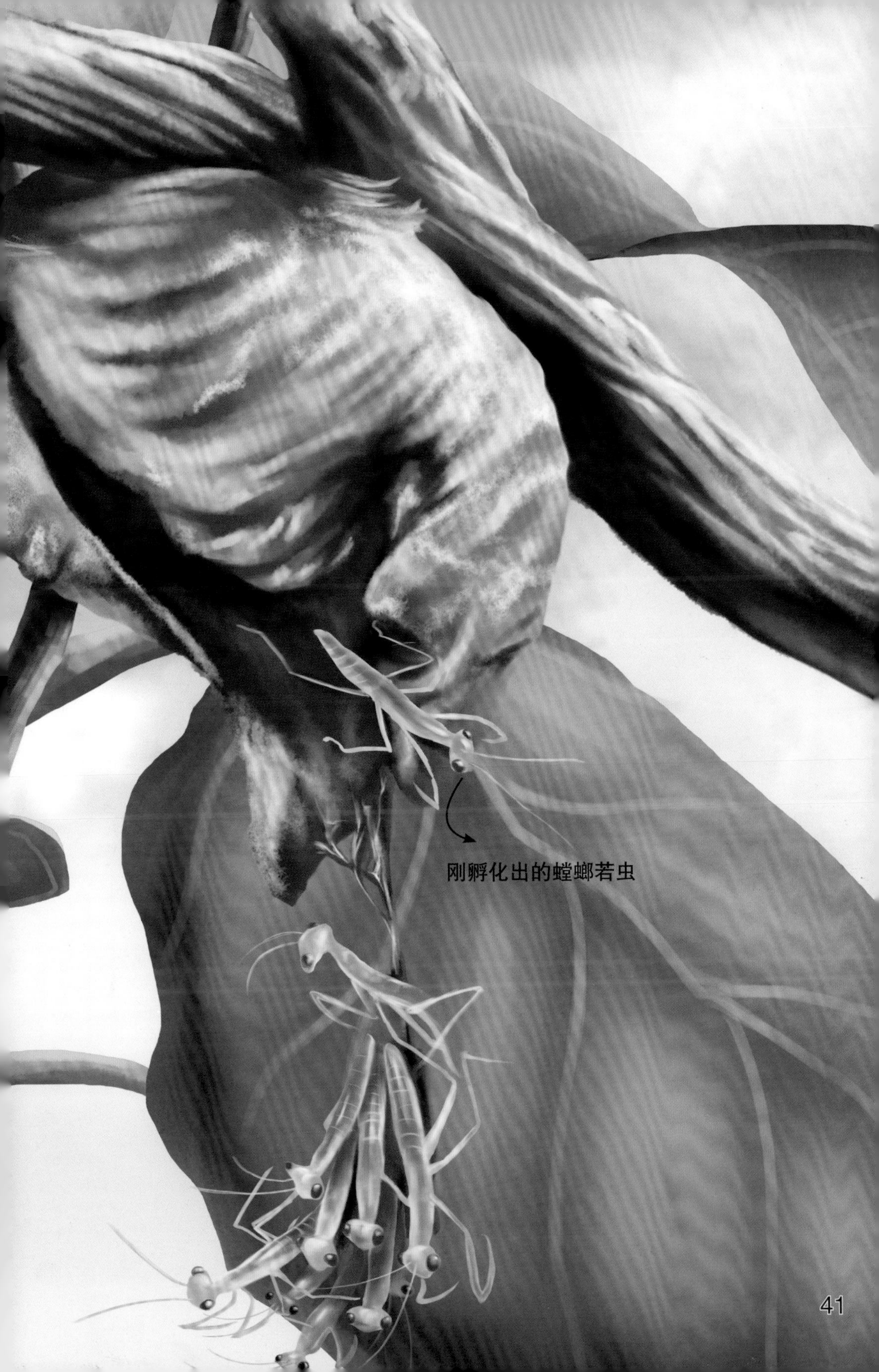
刚孵化出的螳螂若虫

现在我还是一只小螳螂，别看我个子不大，却是个捕猎高手，这附近没有什么小昆虫不怕我。看到我手上这对“削铁如泥”的“宝刀”了没？跟我老爸的是不是特别像？

咦？前面好像有一只蚜虫，让我去会一会它！

我悄悄地从背后接近这只光顾着啃叶子的笨蛋，然后举起了我的“宝刀”正要下手。

螳螂若虫

螳螂的天敌

“嘶——嘶——”突然一阵奇怪的声音传了过来，听得我毛骨悚然。

不好，是蜘蛛！

怎么办？怎么办？我一下子乱了阵脚，这个大家伙可不是好惹的，我得先躲起来。我小心翼翼地挪到了远处的叶片上，还好，大蜘蛛没有发现我，我的绿色外皮给我提供了很好的伪装。不一会儿大蜘蛛走了，我安全了。可惜蚜虫也离开了。哎！肚子好饿，还得再去找食物。

螳螂的一生

或许你们没见过，作为螳螂的我也是会蜕皮的。只不过蜕皮时候的我太过脆弱，一次蜕皮更是需要几

个小时。在此期间我的自我防御能力很弱，遭受攻击也不能很快逃脱，所以只能藏在隐蔽的枝叶下悄悄蜕皮。虽然蜕皮的过程很痛苦，但我知道只有随着一次次的蜕皮自己才能成长为一只强壮的大刀螳螂！

螳螂的身体

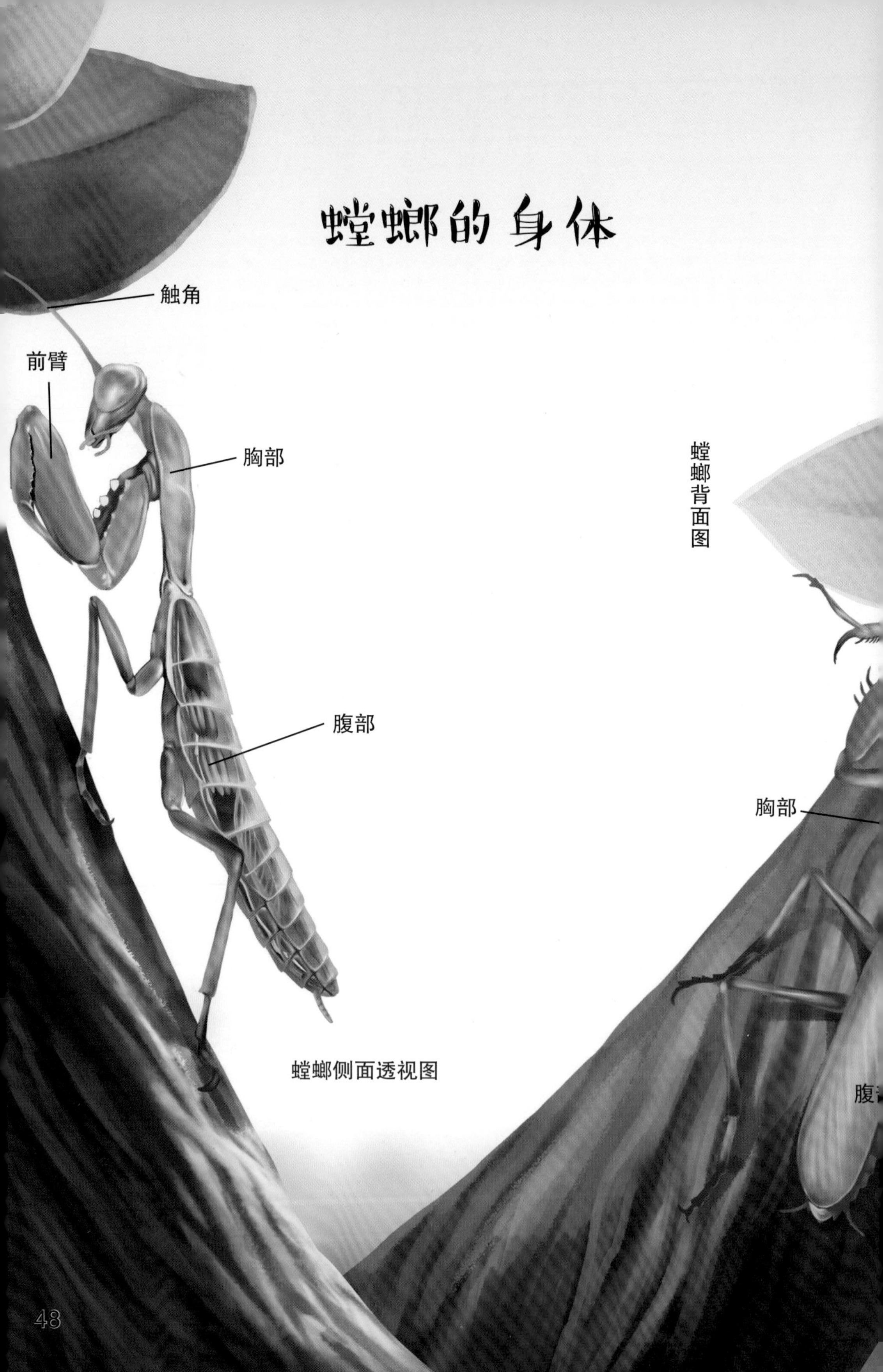

螳螂腹面图
口器
触角
复眼
胸部
足
腹部
器

螳螂的姿态

作为一种肉食性昆虫，学会独自面对生活中的各种危险是我们成长过程中的必修课。这门课程从我们离开“育婴房”的那一瞬间就开始了。

骄阳似火，我在向阳背风的草丛间悠闲地漫步，青草和我的外皮一个颜色，为我提供了很好的伪装，无论是对手还是猎物都发现不了我，但我却可以轻易看到它们的身影。

跳跃的螳螂

螳螂的食物

瞧，我看见了什么？不远处有一只苍蝇在嗡嗡地飞来飞去。看来今天的午餐有着落了。我悄无声息地接近这只苍蝇，它完全没有察觉危险的来临。我猛地扑上去，一把擒住了它，然后以闪电般的速度咬住了苍蝇的头，正准备享用，突然一位不速之客出现了。

雌雄分辨

它看上去很优雅，身体安静直立着，两只手臂弯曲在胸前，一动不动地看着我，就像人类祈祷那样。当然，我知道它并没有在祈祷什么，它想的应该是如何吃掉眼前这个小玩意儿！

雌螳螂
雌螳螂体形较大，
腹部宽且肥厚

螳螂产卵

手中的猎物已经奄奄一息了，我只能把它献给雌螳螂，不知道这样能不能保住自己的性命。奇怪的是雌螳螂完全不为脚下的食物所动，它还是直直地盯着我。难道

这个小苍蝇满足不了它的食欲吗？正当我茫然无措之时，雌螳螂却悄悄地转了身，接着我便闻到了一股甜美的芳香，这是从雌螳螂体内散发出来的！它在召唤我成为它的伴侣吗？

这可是十分难得的机会，多少雄螳螂为了得到雌螳螂的芳心不惜一切，甚至连自己的小命都丢了，为的就是完成与生俱来的使命——留下自己的后代。

我们螳螂的爱情可不像人类那样长久，此刻我们还如胶似漆，可能下一秒就举刀相向了。我们雄螳螂都是冒着生命危险和雌螳螂交配的。

因为有的雌螳螂为了补充怀孕生产所需要的营养会直接吃掉自己的丈夫。当然那只是少数情况，我没有被妻子吃掉，但筋疲力尽的我也知道生命即将要走向尽头了，没有什么可惜的，因为这就是我的宿命！

后来雌螳螂产下了我们的后代，它先从腹部排出泡沫状物质，然后在上面顺次产卵，泡沫状物质很快会凝固，形成坚硬的卵鞘。看着孩子顺利出生，我欣慰地离开了这个世界。

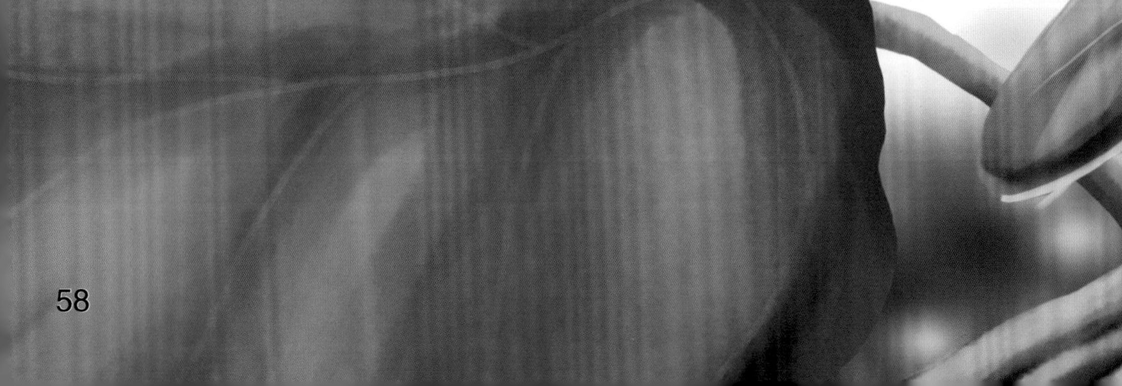

雌螳螂吃雄螳螂

螳螂的家族

除极地外，螳螂广布世界各地，尤以热带地区种类最为丰富。世界已知螳螂种类有 2000 多种，我国已知约 147 种。

其中，中华大刀螳、狭翅大刀螳、广斧螳、棕静螳、薄翅螳、绿静螳等是中国农、林和观赏植物害虫的重要天敌。

捕捉螳螂

捕捉螳螂一般采用网捕法和粘捕法两种，但由于螳螂身体瘦长，动作敏捷，一有惊动就会跳弹起来逃之夭夭，所以大多还是采用网捕法。

选择网口大些的纱网，轻轻接近它，突然用网从上向下扑罩，这样成功率很高。

螳螂

喂养螳螂

经验丰富的螳螂爱好者都知道，螳螂从卵鞘养起最有意思。冬季，卵鞘附着在枯草根茎或灌木的树枝上，找到卵鞘后，将其放入饲养瓶中过冬，因室内较温暖，卵鞘很安全，到来年春季室内温度略高时，卵鞘会迅速孵化出若虫。对若虫的饲养，应先喂蚊子、蚜虫等较小的虫类，长大一点后喂蝇蛹、苍蝇等，成虫时，可喂蝗虫等。

螳螂

螳臂当车

螳螂是人们十分熟悉的一种昆虫，关于螳螂的成语和典故也非常多。其中有一个非常有名的成语叫作“螳臂当车”。这个成语是有来源的，相传在春秋战国时期，有一次齐庄公带着随从上山打猎，大家驾车驭马，谈笑风生。突然有人发现前方有一个绿色的小东西，便下马查看，一看原来是一只螳螂，正高举着前臂，一副要和马车搏斗的架势。这个有趣的场景引起了齐庄公的兴趣，他问车夫：“这是什么虫？”车夫回答：“这是螳螂，这个小虫子只知前进，不知后退，自不量力，妄想与马车搏斗呢。”齐庄公感慨道：“这虫子个头虽小，但志气很大，它要是人的话，必定能成为天下勇士啊！”接着让车夫绕道而行，避开了螳螂。

虽然螳螂战胜不了马车，但是能看出它确实非常勇敢。它那大刀似的前臂在昆虫的世界里几乎能抵挡所有外敌！

读书笔记（萤火虫）

读书笔记（螳螂）

图书在版编目（CIP）数据

破解昆虫世界的秘密．萤火虫和螳螂 / 周伟主编
．-- 长春：吉林科学技术出版社，2021.9
ISBN 978-7-5578-8546-5

Ⅰ．①破… Ⅱ．①周… Ⅲ．①萤科 – 儿童读物②螳螂科 – 儿童读物 Ⅳ．① Q96-49

中国版本图书馆 CIP 数据核字 (2021) 第 159917 号

破解昆虫世界的秘密 萤火虫和螳螂
POJIE KUNCHONG SHIJIE DE MIMI YINGHUOCHONG HE TANGLANG

主　　编　周　伟
出 版 人　宛　霞
责任编辑　王旭辉
封面设计　长春美印图文设计有限公司
制　　版　长春美印图文设计有限公司
幅面尺寸　167 mm × 235 mm
开　　本　16
字　　数　57 千字
印　　张　4.5
印　　数　1—5000 册
版　　次　2021 年 10 月第 1 版
印　　次　2021 年 10 月第 1 次印刷

出　　版　吉林科学技术出版社
发　　行　吉林科学技术出版社
地　　址　长春市福祉大路 5788 号
邮　　编　130118
发行部电话 / 传真　0431-81629529　81629530　81629231
81629532　81629533　81629534
储运部电话　0431-86059116
编辑部电话　0431-81629517
印　　刷　吉林省创美堂印刷有限公司
书　　号　ISBN 978-7-5578-8546-5
定　　价　24.80 元

如有印装质量问题　可寄出版社调换

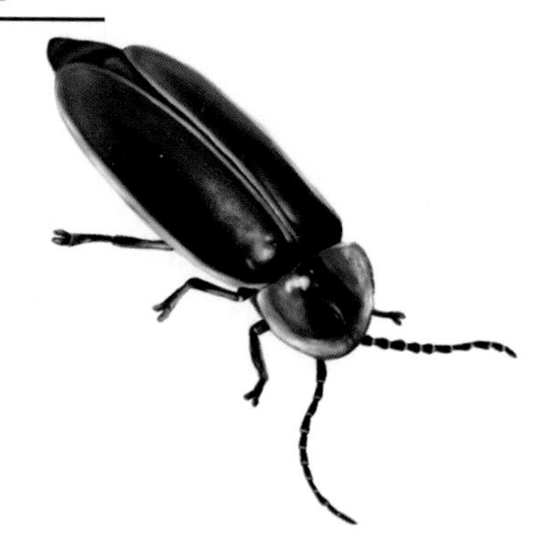